안 쌤 의 사 고 력 수 학 퍼 즐　초등

지능인드

KB091539

퍼즐

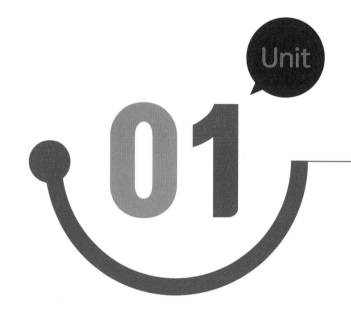

Unit

01

여러 가지 도형

| 창의성 |

여러 가지 도형으로 그림을 그려 봐요!

삼각형과 사각형 | 창의성 |

서로 다른 모양의 삼각형을 그려 보세요.

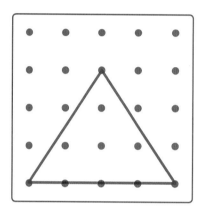

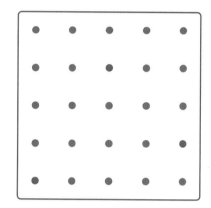

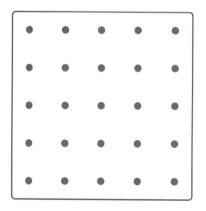

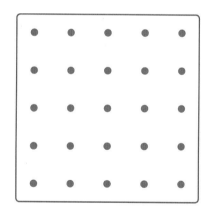

◉ 삼각형은 변이 ☐ 개, 꼭짓점이 ☐ 개입니다.

◉ 삼각형은 3개의 (곧은 , 굽은) 선들로 둘러싸여 있습니다.

서로 다른 모양의 사각형을 그려 보세요.

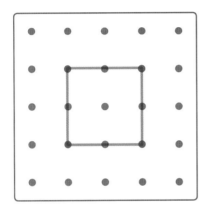 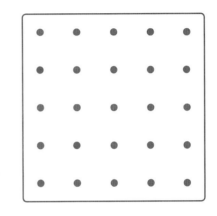

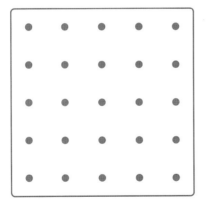 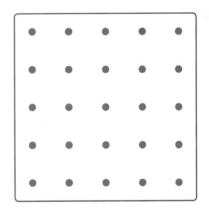

◉ 사각형은 변이 [　] 개, 꼭짓점이 [　] 개입니다.

◉ 사각형은 4개의 (곧은 , 굽은) 선들로 둘러싸여 있습니다.

그림 그리기 ① | 창의성 |

여러 가지 모양의 삼각형으로 다음과 같은 그림을 그렸습니다. 그림의 제목을 짓고, 그림과 같은 모양을 지오보드에 직접 만들어 보세요.

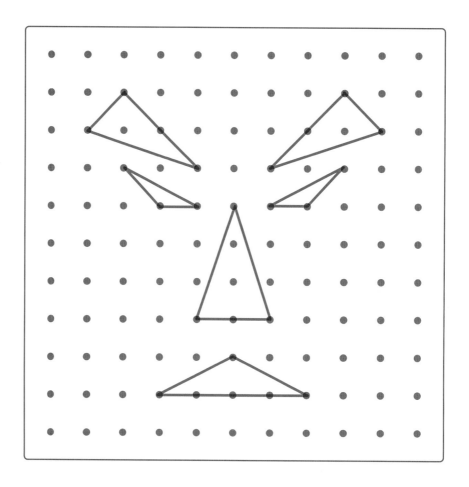

제목:

크기와 모양이 다른 삼각형을 3가지 이상 사용해 그림을 그린 후, 그림과 같은 모양을 지오보드에 직접 만들어 보세요.

Unit 01

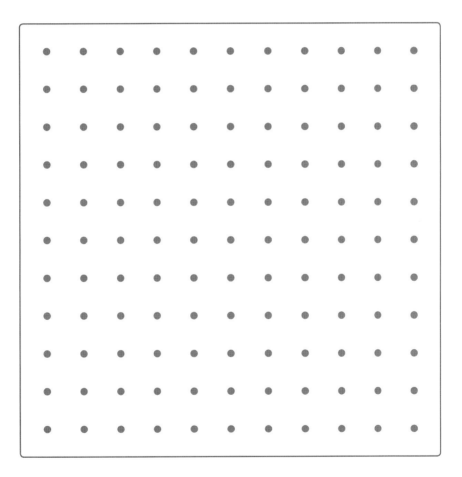

제목:

정답 ➡ 86쪽

그림 그리기 ② | 창의성 |

여러 가지 모양의 삼각형과 사각형으로 다음과 같은 그림을 그렸습니다.
그림의 제목을 짓고, 그림과 같은 모양을 지오보드에 직접 만들어 보세요.

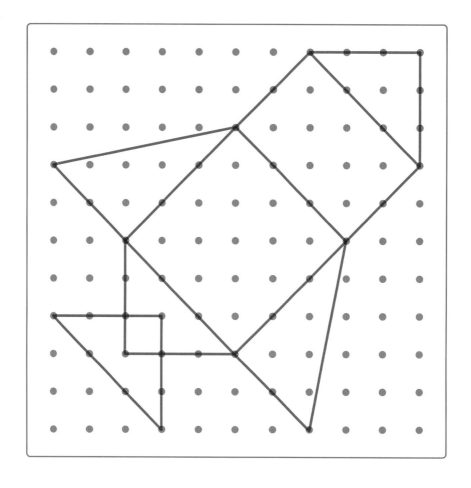

제목:

크기와 모양이 다른 삼각형과 사각형을 각각 2가지 이상 사용해 그림을 그린 후, 그린 그림과 같은 모양을 지오보드에 직접 만들어 보세요.

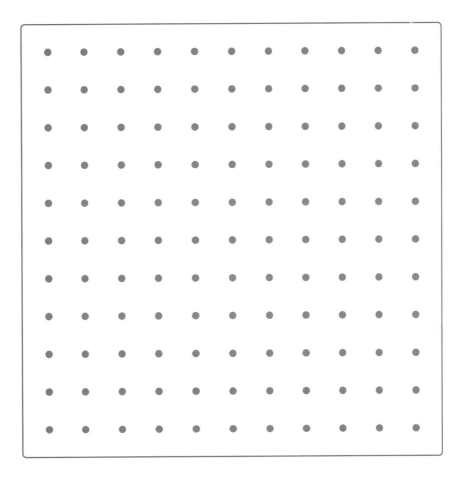

제목:

정답 ⊙ 87쪽

그림 그리기 ③ | 창의성 |

꼭짓점의 개수가 표시된 수와 같은 도형을 만들고, 만들어진 도형의 이름을 빈칸에 써넣어 보세요.

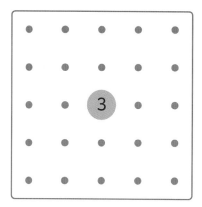

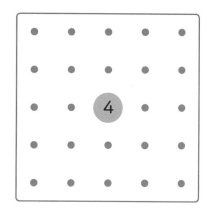

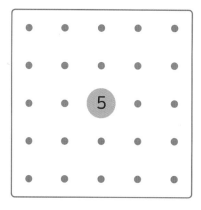

삼각형, 사각형, 오각형, 육각형을 모두 한 번 이상 사용해 그림을 그린 후, 그린 그림과 같은 모양을 지오보드에 직접 만들어 보세요.

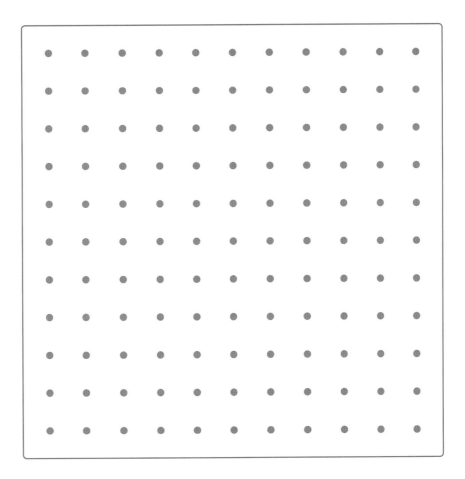

제목:

정답 ◎ 87쪽

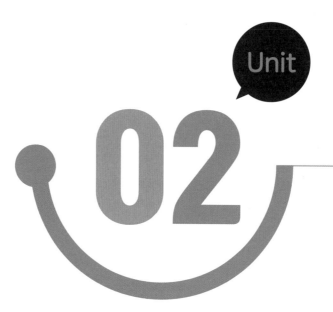

삼각형

| 도형 |

다양한 **삼각형**을 만들어 봐요!

여러 가지 삼각형 | 도형 |

다음의 삼각형을 두 가지 기준으로 분류해 기호를 써넣어 보세요.

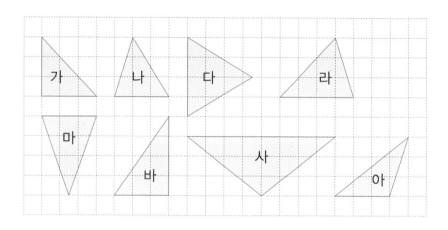

◉ 변의 길이에 따른 분류

· 세 변의 길이가 모두 다른 삼각형

→ ☐ , ☐ , ☐ , ☐

· 두 변의 길이가 같은 삼각형을 이등변삼각형이라고 합니다.

→ ☐ , ☐ , ☐ , ☐

· 세 변의 길이가 같은 삼각형을 정삼각형이라고 합니다.

→ ☐

90°를 직각, 0°보다 크고 직각보다 작은 각을 예각, 직각보다 크고 180°보다 작은 각을 둔각이라고 해요.

◉ 각의 크기 따른 분류

·한 각이 직각인 삼각형을 [   ] 이라고 합니다.

→ [ ] , [ ]

·세 각이 모두 예각인 삼각형을 [   ] 이라고 합니다.

→ [ ] , [ ] , [ ] , [ ]

·한 각이 둔각인 삼각형 [   ] 이라고 합니다.

→ [ ] , [ ]

(?) 정삼각형은 예각삼각형이라고 할 수 있을까요? 할 수 있다면 그 이유를 설명해 보세요.

정답 ≫ 88쪽

삼각형 만들기 ① | 도형 |

이등변삼각형은 '이', 직각삼각형은 '직'이라고 쓰고, 지오보드에 이등
변삼각형과 직각삼각형을 직접 만들어 보세요.

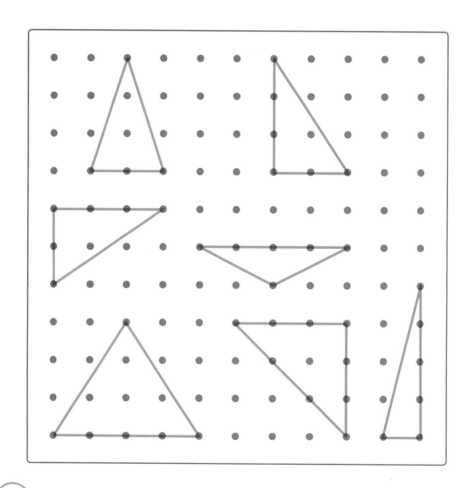

이등변삼각형이면서 직각삼각형인 삼각형이 있을까요? 있다면 그 삼각형
을 어떻게 부르면 좋을지 말해 보세요.

주어진 선분을 한 변으로 하는 이등변삼각형을 그리고, 지오보드에 이등변삼각형을 직접 만들어 보세요.

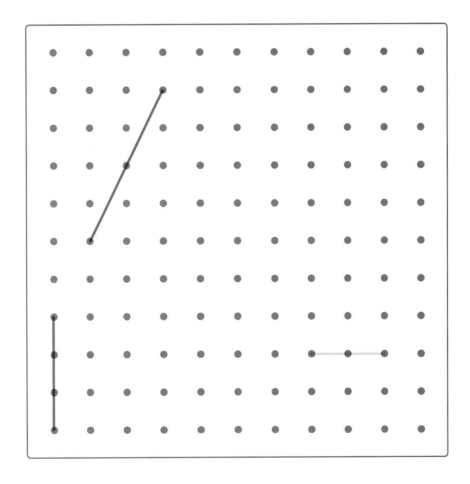

삼각형 만들기 ② | 도형 |

예각삼각형은 '예', 둔각삼각형은 '둔' 이라고 쓰고, 지오보드에 예각삼
각형과 둔각삼각형을 직접 만들어 보세요.

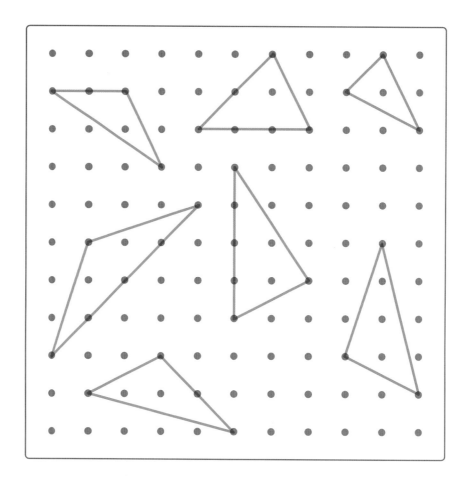

주어진 선분과 같은 색깔의 점 중에서 한 점을 이어 둔각삼각형 만들려고 합니다. 이어야 하는 점을 찾아 ○표 하고, 지오보드에 직접 만들어 보세요.

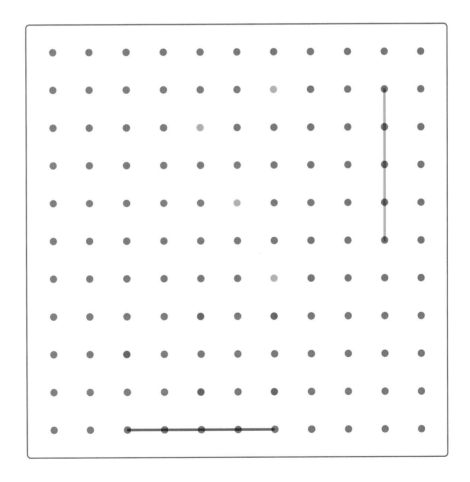

삼각형의 개수 | 도형 |

지오보드에 만든 크고 작은 예각삼각형의 개수를 구해 보세요.

(단, 모양과 크기가 같아도 위치가 다르면 다른 것으로 봅니다.)

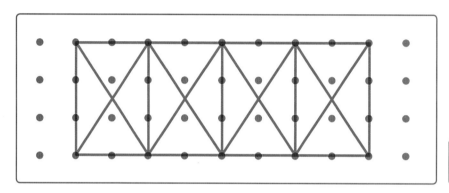

개

지오보드에 만든 크고 작은 둔각삼각형의 개수를 구해 보세요.

(단, 모양과 크기가 같아도 위치가 다르면 다른 것으로 봅니다.)

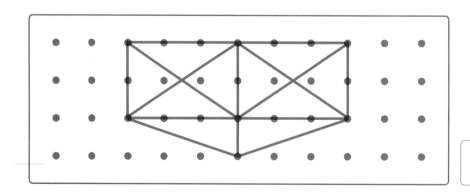

개

지오보드에 만든 크고 작은 둔각삼각형의 개수를 구해 보세요.

(단, 모양과 크기가 같아도 위치가 다르면 다른 것으로 봅니다.)

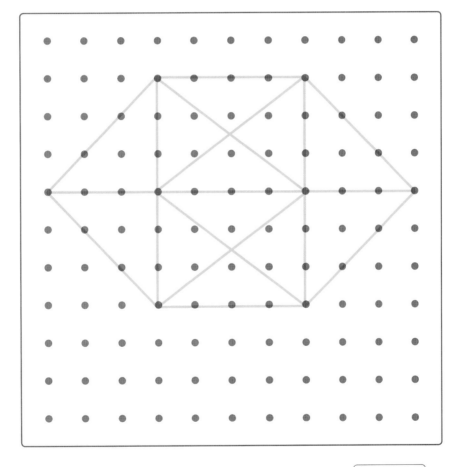

개

정답 ○ 89쪽

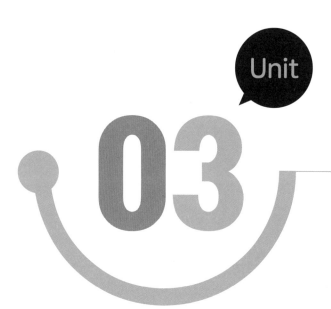

Unit

03

분수

| 수와 연산 |

분수에 대해 알아봐요!

분수 알아보기 | 수와 연산 |

분수에 대해 알아보려고 합니다. 그림을 분수로 나타내고, 나타낸 분수를 읽어 보세요.

◉ 전체를 똑같이 셋으로 나눈 각 도형에 2만큼 색칠해 보세요.

◉ 색칠한 도형을 보고 분모와 분자에 알맞은 수를 써넣어 분수를 만들어 보세요.

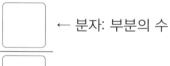

← 분자: 부분의 수

← 분모: 전체의 수

◉ 위에서 만든 분수를 읽어 보세요.

분의

색칠한 부분과 색칠하지 않은 부분을 분수로 나타내어 보세요.

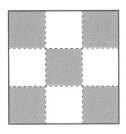

⊙ 색칠한 부분:

⊙ 색칠하지 않은 부분:

전체에 알맞은 도형을 찾아 ○표 해 보세요.

전체를 똑같이 6으로 나눈 것 중의 3입니다.

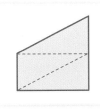

(   )

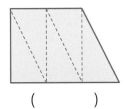

(   )

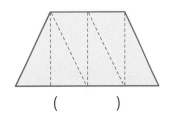

(   )

정답 ▶ 90쪽

02 똑같이 나누기 | 수와 연산 |

사각형을 똑같이 넷으로 나누려고 합니다. 서로 다른 방법으로 나누어 보세요.

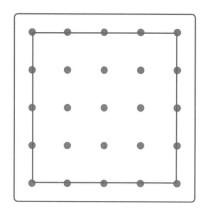

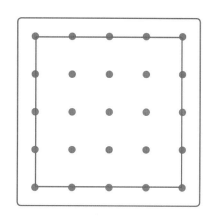

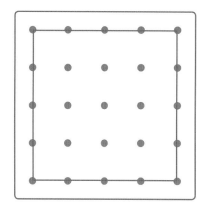

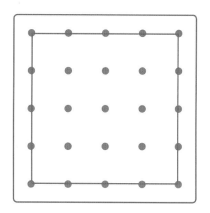

◉ 똑같이 나누면 나누어진 조각들은 모양과 [   ]가 같습니다.

원을 표시된 수만큼 똑같이 나누고, 한 조각의 크기를 분수로 나타내어
보세요.

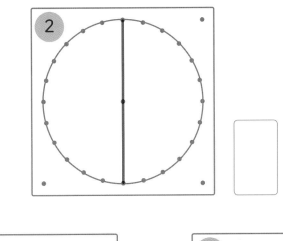

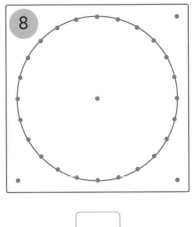

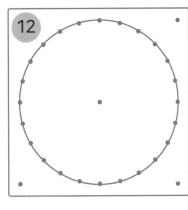

정답 ⊚ 90쪽

분수로 나타내기 ① | 수와 연산 |

그림을 보고 색칠한 부분의 크기를 여러 가지 분수로 나타내어 보세요.

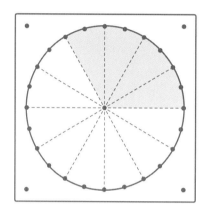

$$\frac{\boxed{}}{12} = \frac{\boxed{}}{6} = \frac{\boxed{}}{3}$$

사각형에 서로 다른 방법으로 $\dfrac{5}{8}$ 만큼 색칠해 보세요.

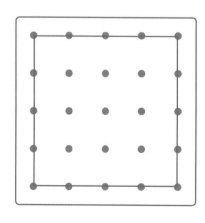

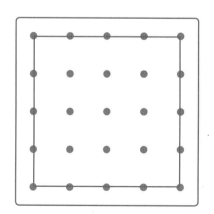

사각형을 각각 똑같이 나눈 후 $\dfrac{3}{4}$과 $\dfrac{3}{8}$만큼 색칠하고, 두 분수의 크기를 비교해 보세요.

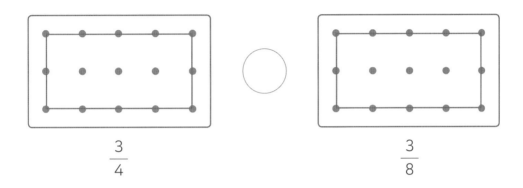

$$\dfrac{3}{4} \qquad\qquad\qquad \dfrac{3}{8}$$

색칠한 부분이 각각 전체의 $\dfrac{1}{5}$, $\dfrac{2}{5}$가 되도록 하려고 합니다. 부분을 보고 전체를 그려 보세요.

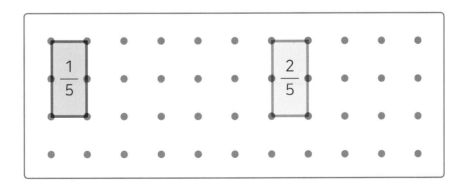

분수로 나타내기 ② | 수와 연산 |

슬아와 종아는 그림과 같이 나눈 다음 $\dfrac{1}{4}$을 색칠했습니다. 잘못 나타낸 사람은 누구인지 쓰고, 그 이유를 설명해 보세요.

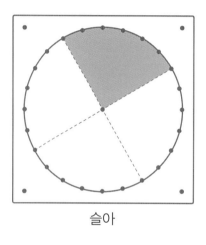

슬아

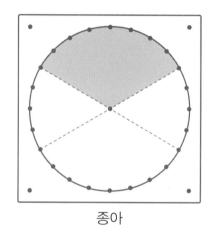

종아

◉ 잘못 나타낸 사람:

◉ 이유:

'나'를 전체로 볼 때 '가'의 크기는 전체의 $\frac{1}{2}$입니다. '라'를 전체로 볼 때 '나'와 '다'의 크기는 각각 전체의 얼마인지 구해 보세요.

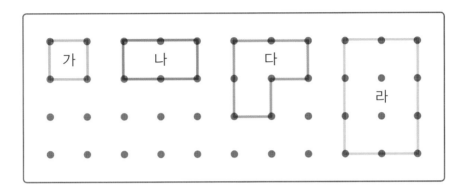

⊙ 나:

⊙ 다:

Unit 04

사각형 ①

| 도형 |

안쌤의 사고력 수학 퍼즐
지오보드 퍼즐

직사각형과 정사각형을 만들어 봐요!

직사각형과 정사각형 | 도형 |

다음의 여러 가지 사각형 중에서 직사각형을 찾아보세요.

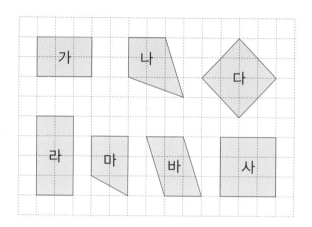

● 직각이 있는 사각형:

● 직각의 개수에 따라 사각형 분류하기

직각의 개수	1개	2개	3개	4개
기호				

→ 네 각이 모두 [ ] 인 사각형을 직사각형이라고 합니다.

다음이 여러 가지 사각형 중에서 정사각형을 찾아보세요.

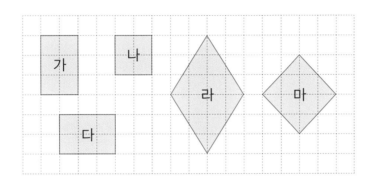

- ◉ 네 각이 모두 직각인 사각형:

- ◉ 네 각이 모두 직각이고 네 변의 길이가 모두 같은 사각형:

→ 네 각이 모두 [   ] 이고, [   ] 변의 길이가 모두 같은

사각형을 정사각형이라고 합니다.

(?) 직사각형과 정사각형의 공통점을 설명해 보세요.

정답 ▷ 92쪽

사각형 만들기 | 도형 |

주어진 선분을 변으로 하는 직사각형을 완성하고, 지오보드에 직접 만들어 보세요.

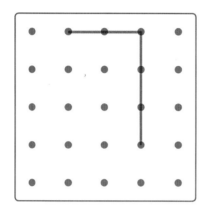

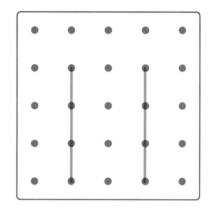

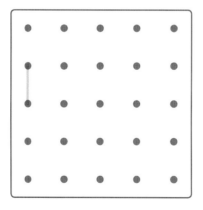

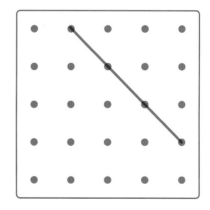

◉ 직사각형은 마주보는 두 변의 길이가 (같습니다 , 다릅니다).

주어진 선분을 한 변으로 하는 정사각형을 완성하고, 지오보드에 직접 만들어 보세요.

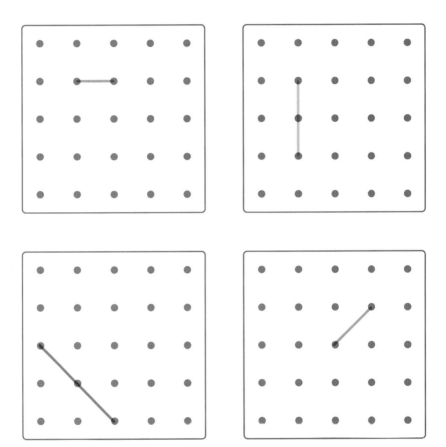

⊙ (정 , 직)사각형은 (정 , 직)사각형 중에서 네 변의 길이가 모두 같은 사각형입니다.

정답 ⫸ 92쪽

03 사각형의 개수 ① | 도형 |

지오보드에 만든 크고 작은 직사각형의 개수를 구해 보세요.

(단, 모양과 크기가 같아도 위치가 다르면 다른 것으로 봅니다.)

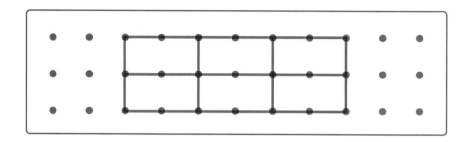

⊙ 도형 1개짜리로 이루어진 직사각형: ☐ 개

⊙ 도형 2개짜리로 이루어진 직사각형: ☐ 개

⊙ 도형 3개짜리로 이루어진 직사각형: ☐ 개

⊙ 도형 4개짜리로 이루어진 직사각형: ☐ 개

⊙ 도형 6개짜리로 이루어진 직사각형: ☐ 개

➜ 직사각형은 모두 ☐ 개입니다.

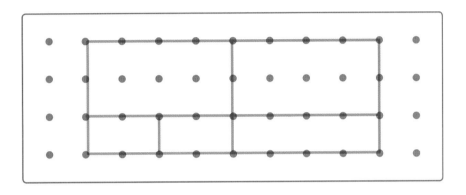

→ 직사각형은 모두 [ ] 개입니다.

사각형의 개수 ② | 도형 |

지오보드에 만든 크고 작은 직사각형 중에서 정사각형이 아닌 직사각형의 개수를 구해 보세요. (단, 모양과 크기가 같아도 위치가 다르면 다른 것으로 봅니다.)

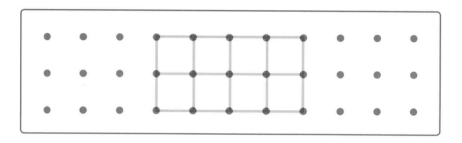

→ 정사각형이 아닌 직사각형은 모두 [　　　] 개입니다.

지오보드의 16개의 점 중에서 4개의 점을 꼭짓점으
로 하는 정사각형을 만들려고 합니다. 만들 수 있는
정사각형의 개수를 구해 보세요. (단, 모양과 크기가 같
아도 위치가 다르면 다른 것으로 봅니다.)

⊙ 크기별로 만들 수 있는 사각형의 개수를 구합니다.

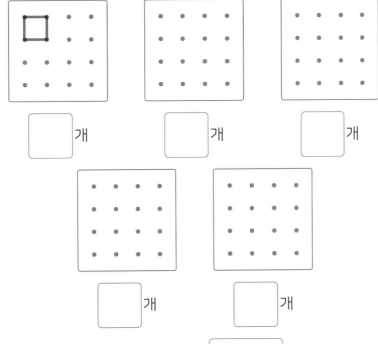

⬛개　⬛개　⬛개

⬛개　⬛개

➡ 만들 수 있는 정사각형은 모두 ⬜ 개 입니다.

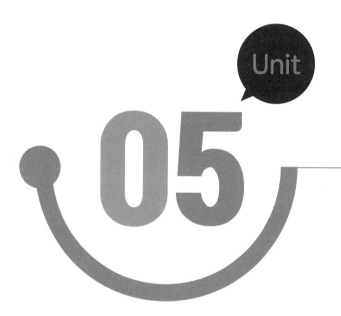

Unit

05

도형의 이동

| 도형 |

평면도형의 이동을 알아봐요!

도형의 이동 | 도형 |

그림을 보고 빈칸에 알맞은 말을 써넣어 보세요.

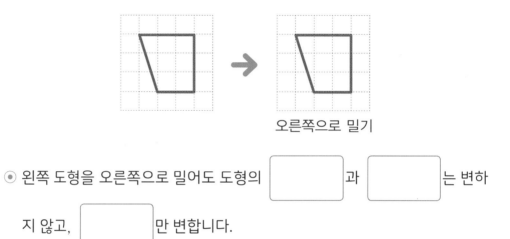

오른쪽으로 밀기

◉ 왼쪽 도형을 오른쪽으로 밀어도 도형의 [   ]과 [   ]는 변하

지 않고, [   ]만 변합니다.

가운데 도형을 왼쪽과 오른쪽으로 뒤집었을 때의 모양을 각각 그려 보세요.

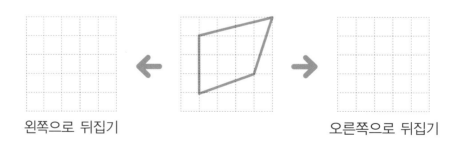

왼쪽으로 뒤집기   오른쪽으로 뒤집기

◉ 오른쪽과 왼쪽으로 뒤집었을 때의 모양이 (같습니다 , 다릅니다).

주어진 도형을 시계 방향으로 돌렸을 때의 모양을 각각 그려 보세요.

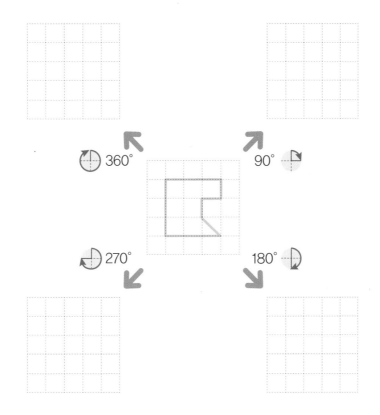

◉ 도형을 돌리는 각도에 따라 [ ]이 바뀝니다.

◉ 도형을 180° 돌린 모양은 90°씩 [ ]번 돌린 모양과 같습니다.

◉ 도형을 [ ]° 돌린 모양은 처음 도형의 모양과 같습니다.

정답 ▶ 94쪽

도형 뒤집기 | 도형 |

왼쪽 도형을 오른쪽으로 3번 뒤집은 모양을 오른쪽에 그려 보세요.

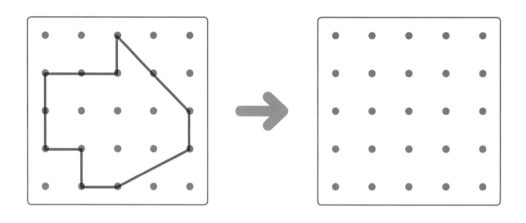

왼쪽 도형을 아래쪽으로 6번 뒤집은 모양을 오른쪽에 그려 보세요.

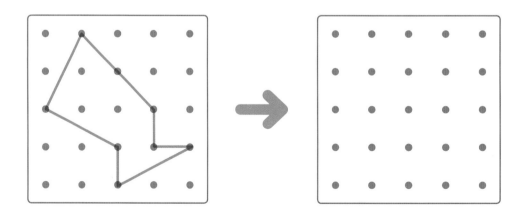

위쪽, 아래쪽, 오른쪽, 왼쪽으로 뒤집기 한 모양이 처음 모양과 같은 도형을 모두 찾아 ○표 하고, 공통점을 설명해 보세요.

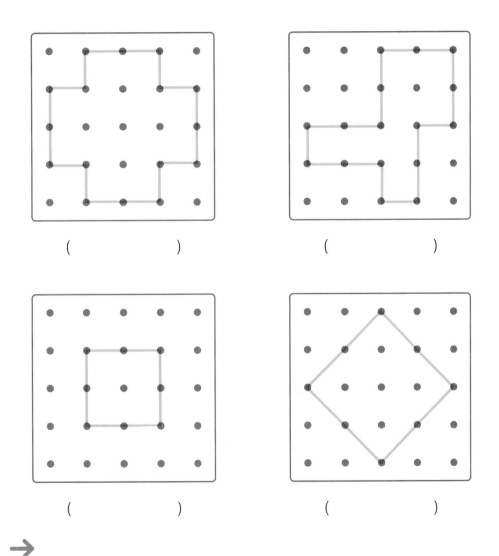

(   )   (   )

(   )   (   )

→

도형 돌리기 | 도형 |

왼쪽 도형을 시계 방향으로 270°만큼 돌렸을 때의 모양을 오른쪽에 그려 보세요.

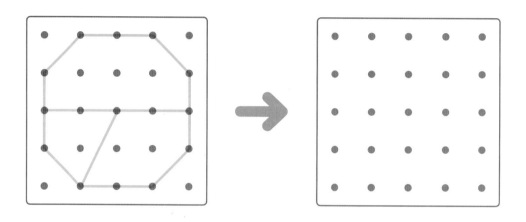

왼쪽 도형을 시계 방향으로 90°만큼 5번 돌렸을 때의 모양을 오른쪽에 그려 보세요.

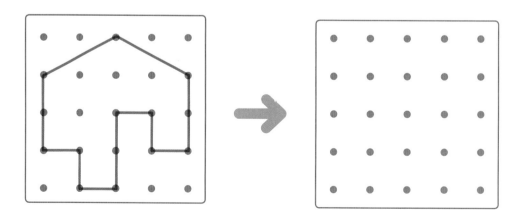

왼쪽 도형을 시계 반대 방향으로 180°만큼 11번 돌렸을 때의 모양을
오른쪽에 그려 보세요.

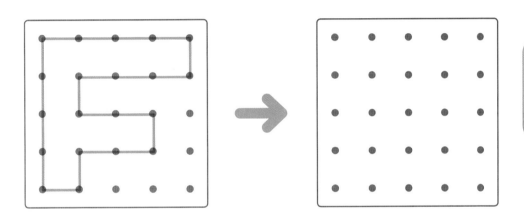

오른쪽 모양은 어떤 도형을 시계 방향으로 270°만큼 돌린 모양입니다.
처음 도형을 왼쪽에 그려 보세요.

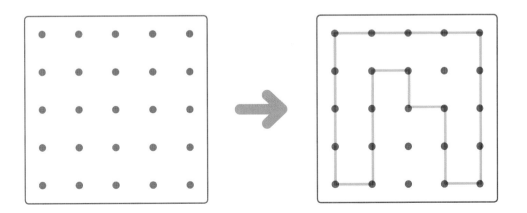

정답 ◈ 95쪽

뒤집고 돌리기 | 도형 |

왼쪽 도형을 왼쪽으로 19번 뒤집은 다음 시계 방향으로 90°만큼 6번 돌렸을 때의 모양을 오른쪽에 그려 보세요.

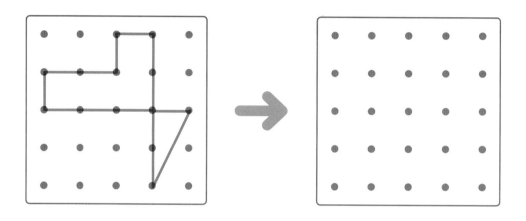

왼쪽 도형을 시계 반대 방향으로 90°만큼 9번 돌린 다음 왼쪽으로 밀고, 아래쪽으로 5번 뒤집었을 때의 모양을 오른쪽에 그려 보세요.

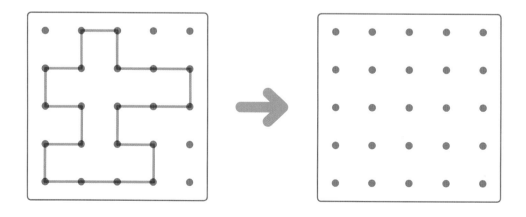

도형을 여러 가지 방법으로 이동하여 같은 모양을 만들려고 합니다. 물음에 답하세요.

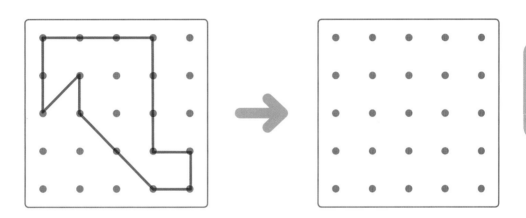

◉ 왼쪽 도형을 왼쪽으로 3번 밀고, 위쪽으로 7번 뒤집었을 때의 모양을 오른쪽에 그려 보세요.

◉ 왼쪽 도형을 위의 방법과 다른 방법으로 이동하여 오른쪽에 그린 모양과 같은 모양으로 만들려고 합니다. 빈칸에 들어갈 수 있는 가장 작은 수를 써넣어 보세요.

오른쪽으로 뒤집고, 시계 방향으로 90°만큼 $\boxed{}$ 번 돌리기

수직과 평행

| 도형 |

수직과 **평행**에 대해 알아봐요!

수직과 평행 | 도형 |

지오보드에 만든 직선을 보고, 빈칸에 알맞은 말을 써넣어 보세요.

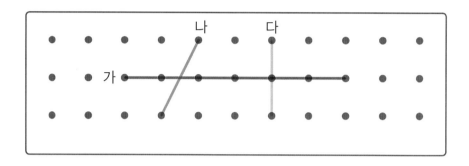

◉ 직선 가에 수직인 직선은 직선 ☐ 입니다.

◉ 직선 다는 직선 ☐ 에 대한 수선입니다.

◉ 직선 가는 직선 다에 대한 ☐ 입니다.

→ 두 직선이 만나서 이루는 각이 직각일 때, 두 직선은 서로 ☐ 이라고 합니다.

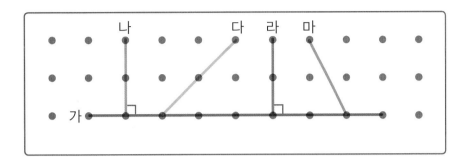

● 직선 가에 수직인 직선은 직선 [   ]와 직선 [   ]이고,

이 두 직선은 서로 만나지 않습니다.

● 평행선은 직선 [   ]와 직선 [   ]입니다.

● 평행선 위의 두 점을 이어 그은 선분 중에서 길이가 가장 짧은 선

분은 [   ]입니다.

→ 서로 만나지 않는 두 직선을 [   ]하다고 하며,

평행한 두 직선을 [   ]이라고 합니다.

평행선 사이에 그은 수선의 길이를 평행선 사이의

[   ]라고 합니다.

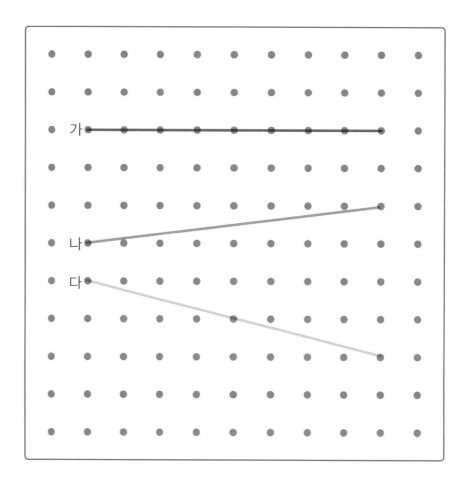

수직과 수선 | 도형 |

주어진 직선 가, 나, 다에 대한 수선을 각각 1개씩 만들어 보세요.

(단, 각도기를 사용할 수 있습니다.)

◉ 한 직선에 대한 수선은 (1개입니다 , 셀 수 없이 많습니다).

점 ㄱ에서 각 변에 그을 수 있는 수선을 모두 그려 보세요.

(단, 각도기를 사용할 수 있습니다.)

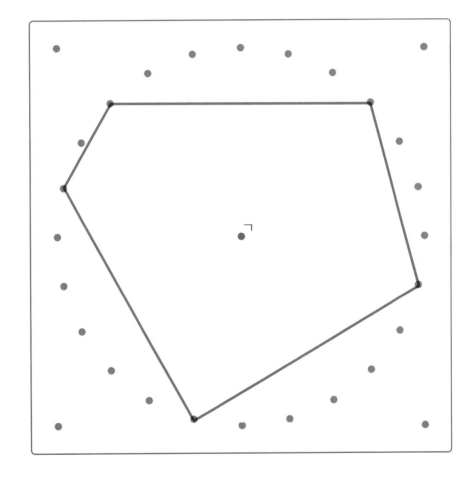

⊙ 한 점을 지나고 한 직선에 대한 수선은 (1개입니다 , 셀 수 없이 많습니다).

정답 ⊃ 96쪽

평행과 평행선 | 도형 |

지오보드에 만든 직선에서 서로 평행한 직선을 모두 찾아보세요.

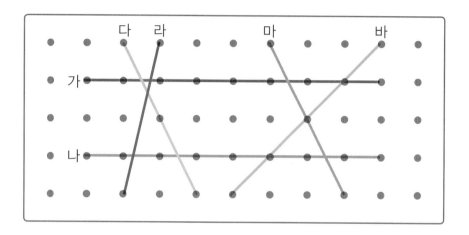

주어진 선분을 변으로 하고, 평행선이 한 쌍인 사각형과 두 쌍인 사각형을 각각 그리고, 지오보드에 직접 만들어 보세요.

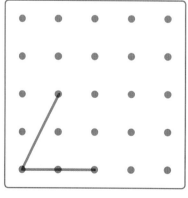

평행선이 한 쌍인 사각형

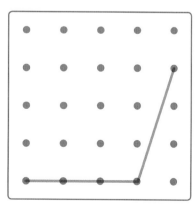

평행선이 두 쌍인 사각형

주어진 선분을 변으로 하고 다음 조건을 모두 만족하는 오각형을 그리고, 지오보드에 직접 만들어 보세요.

> **조건**
> ① 평행선이 두 쌍 있습니다.
> ② 서로 수직인 변이 한 쌍 있습니다.

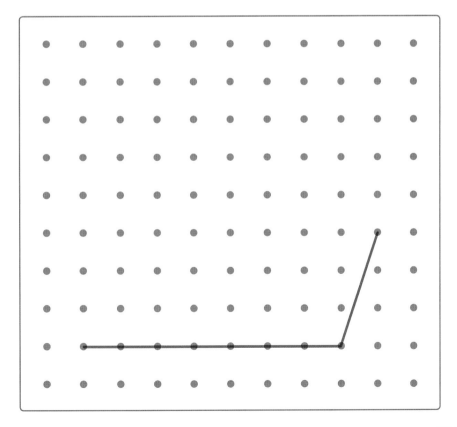

정답 ⊙ 97쪽

각도 구하기 | 도형 |

선분 ㄱㄴ과 선분 ㅁㅂ은 서로 수직입니다. 각 ㄱㅇㄹ의 크기를 구해 보세요.

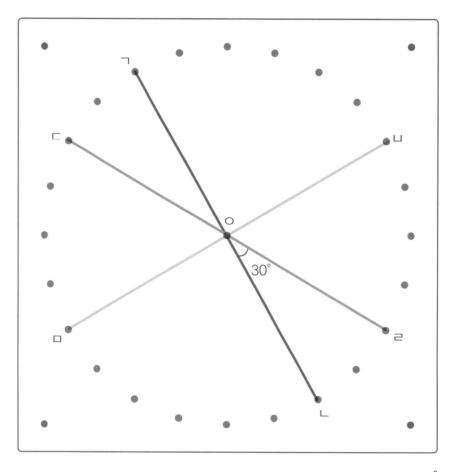

직선 가와 직선 나가 서로 평행할 때, 각 ㄱㄴㄷ의 크기를 구해 보세요.

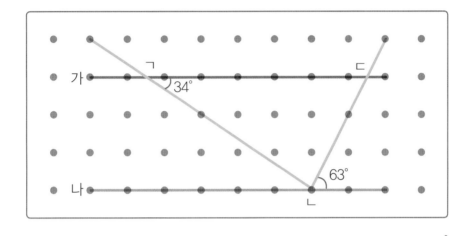

사각형 ②

| 도형 |

여러 가지 사각형을 만들어 봐요!

사각형의 관계 | 도형 |

다음의 사각형을 보고 알맞은 성질에 ○표 해 보세요.

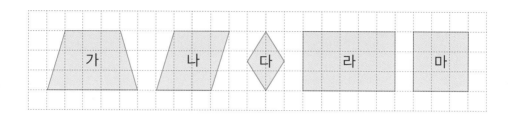

사각형의 성질	가	나	다	라	마
평행한 변이 있습니다.	○				
마주 보는 두 쌍의 변이 평행합니다.					
네 변의 길이가 모두 같습니다.					
네 각이 모두 직각입니다.					
이웃한 두 각의 크기의 합이 180°입니다.					
네 변의 길이가 모두 같고 네 각이 모두 직각입니다.					

안쌤 Tip

점 ㄱ, ㄴ, ㄷ, ㄹ로 만들 수 있는 변과 점 ㅁ, ㅂ, ㅅ으로 만들 수 있는 변을 마주 보게 곧은 선으로 이으면 사각형이 돼요.

7개의 빨간색 점 중에서 4개의 점을 꼭짓점으로 하는 사각형을 만들려고 합니다. 만들 수 있는 사각형 중 직사각형이 아닌 사각형의 개수를 구해 보세요. (단, 모양과 크기가 같아도 위치가 다르면 다른 것으로 봅니다.)

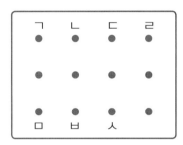

⊙ 점 ㄱ~ㄹ의 4개의 점으로 만들 수 있는 변은 ☐ 가지이고,

점 ㅁ~ㅅ의 3개의 점으로 만들 수 있는 변은 ☐ 가지입니다.

⊙ 이 두 변을 마주 보는 변으로 하는 사각형은 모두 ☐ 개 입니다.

⊙ 이 중 직사각형은 ☐ 개입니다.

➜ 구하는 사각형은 모두 ☐ 개입니다.

사다리꼴 | 도형 |

주어진 선분과 같은 색깔의 한 점을 이어 사다리꼴을 만들려고 합니다.
이어야 하는 점을 모두 찾아 ○표 하고, 지오보드에 직접 만들어 보세요.

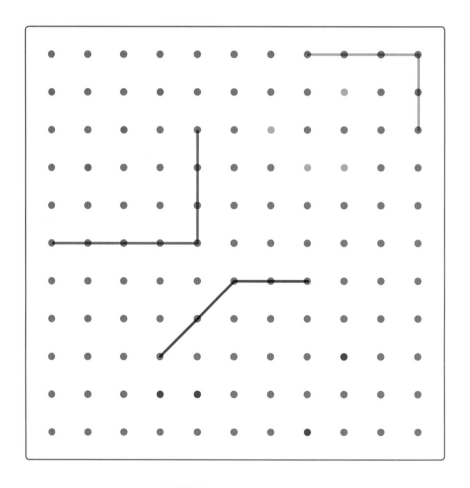

◉ 사다리꼴은 평행한 변이 [ ] 쌍이라도 있는 사각형입니다.

지오보드에 만든 크고 작은 사다리꼴의 개수를 구해 보세요.

(단, 모양과 크기가 같아도 위치가 다르면 다른 것으로 봅니다.)

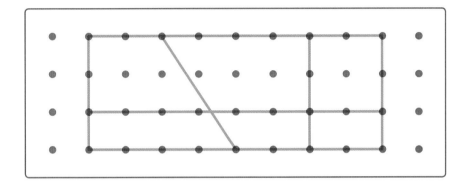

→ 사다리꼴은 모두 ☐ 개입니다.

정답 ⟫ 98쪽

평행사변형 | 도형 |

사다리꼴의 한 개의 꼭짓점을 같은 색깔의 점으로 옮겨 평행사변형을 만들려고 합니다. 어느 점으로 옮겨야 하는지 찾아 ○표 하고, 지오보드에 직접 만들어 보세요.

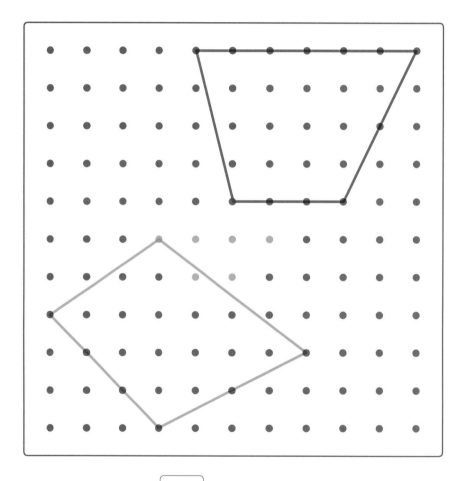

◉ 평행사변형은 마주보는 ☐ 쌍의 변이 서로 평행한 사각형입니다.

지오보드에 만든 크고 작은 평행사변형의 개수를 구해 보세요.

(단, 모양과 크기가 같아도 위치가 다르면 다른 것으로 봅니다.)

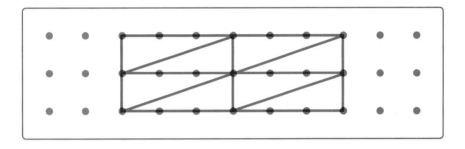

➡️ 평행사변형은 모두 ☐ 개입니다.

마름모 ┃ 도형 ┃

주어진 도형에서 각각 한 꼭짓점만 옮겨 마름모를 만들려고 합니다. 어느 점으로 옮겨야 하는지 모두 찾아 ○표 하고, 지오보드에 직접 만들어 보세요.

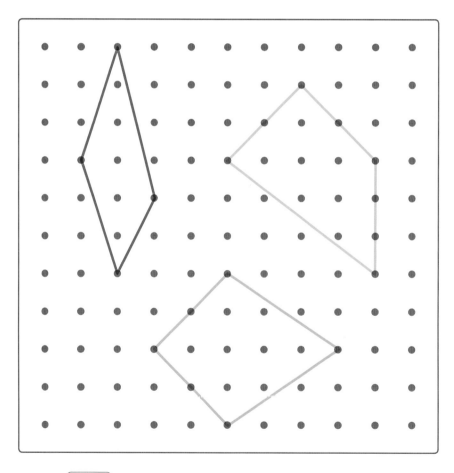

◉ 마름모는 [   ] 변의 길이가 모두 같은 사각형입니다.

지오보드에 만든 크고 작은 마름모의 개수를 구해 보세요.

(단, 모양과 크기가 같아도 위치가 다르면 다른 것으로 봅니다.)

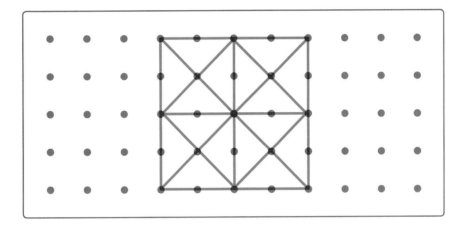

→ 마름모는 모두 ☐ 개입니다.

정답 ◎ 99쪽

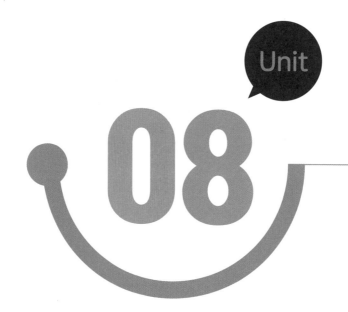

Unit

08

자료의 정리

| 자료와 가능성 |

자료를 정리하여 **그래프**를 나타내어 봐요!

01 자료의 정리 | 자료와 가능성 |

진우네 반 학생들이 좋아하는 과목을 조사했습니다. 조사한 자료를 보고 물음에 답하세요.

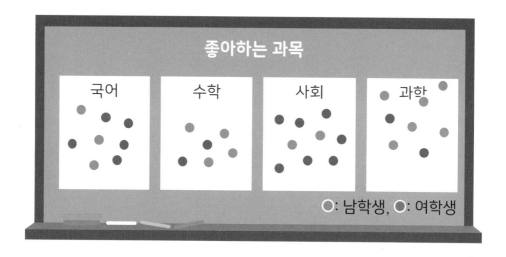

◉ 조사한 자료를 보고 표를 완성해 보세요.

[남학생과 여학생이 좋아하는 과목]

과목	국어	수학	사회	과학	합계
남학생(명)					
여학생(명)					

◉ 완성한 표를 보고 막대그래프와 꺾은선그래프로 나타내어 보세요.

[남학생과 여학생이 좋아하는 과목]

▲ 막대그래프　　■ 남학생　■ 여학생

[남학생과 여학생이 좋아하는 과목]

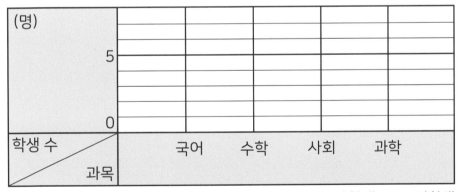

▲ 꺾은선그래프　　— 남학생　— 여학생

? 주어진 자료는 막대그래프와 꺾은선그래프 중에서 어떤 것으로 나타내는 것이 좋은지 고르고, 그 이유를 설명해 보세요.

정답 ▶ 100쪽

02 막대그래프 | 자료와 가능성 |

어느 가게의 월별 인형 판매량을 조사해 막대 그래프로 나타내려고 합니다. 물음에 답하세요.

조건	① 1월 판매량은 16개입니다.
	② 1월 판매량은 3월 판매량의 2배입니다.
	③ 1월부터 5월까지 판매량은 모두 76개입니다.

◉ 월별 인형 판매량을 표로 나타내 보세요.

[월별 인형 판매량]

월	1월	2월	3월	4월	5월	합계
판매량(개)		14		18		

◉ 그래프의 가로와 세로에는 각각 무엇을 나타내어야 하는지 설명해 보세요.

◉ 오른쪽 지오보드의 세로 눈금 한 칸의 크기를 정하고, 그 이유를 설명해 보세요.

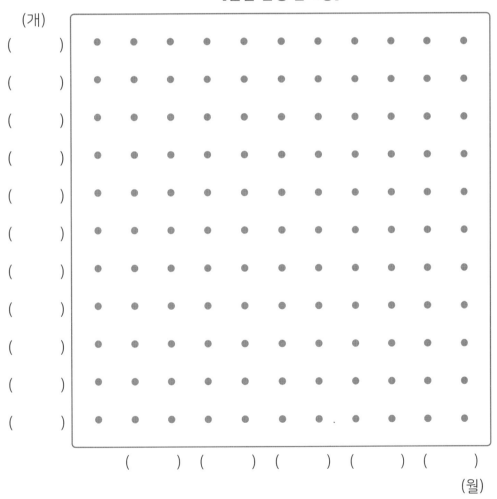

안쌤 Tip

조사한 자료를 그래프로 나타내면 전체적인
변화를 한눈에 알기 쉬워요.

◉ 지오보드에 막대그래프를 완성해 보세요.

[월별 인형 판매량]

(월)

Unit
08

꺾은선그래프 ① | 자료와 가능성 |

어느 아파트의 요일별 쓰레기양을 조사하여 나타낸 표입니다. 물음에 답하세요.

[요일별 쓰레기양]

요일	월	화	수	목	금
쓰레기양(kg)	36	32	16	20	28

◉ 요일별 쓰레기양의 변화를 그래프로 나타내려면 막대그래프와 꺾은선그래프 중 어떤 그래프로 나타내는 것이 좋은지 설명해 보세요.

◉ 그래프의 가로와 세로에는 각각 무엇을 나타내어야 하는지 설명해 보세요.

◉ 오른쪽 지오보드의 세로 눈금 한 칸의 크기를 정하고, 그 이유를 설명해 보세요.

◉ 오른쪽 지오보드에 꺾은선그래프를 완성해 보세요.

꺾은선그래프에서 선의 기울어진 정도는
자료의 변화량을 의미해요.

[요일별 쓰레기양]

(kg)

(요일)

? 쓰레기양의 변화가 가장 컸을 때는 무슨 요일과 무슨 요일 사이인지 설명
해 보세요.

04 꺾은선그래프 ② | 자료와 가능성 |

일정한 빠르기로 움직이는 배의 움직인 거리를 조사하여 나타낸 꺾은 선그래프입니다. 8분일 때 배가 움직인 거리를 구해 보세요.

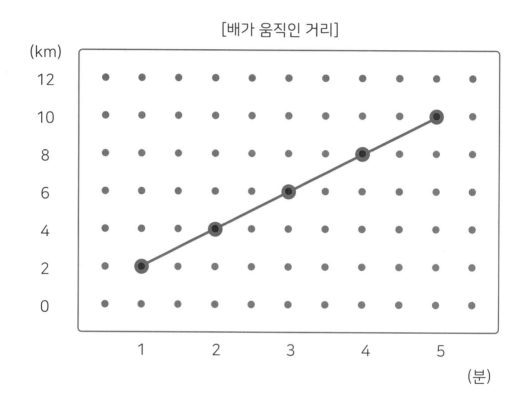

[배가 움직인 거리]

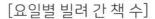

안쌤 Tip

수요일, 목요일, 금요일에 빌려간 책 수를
먼저 구한 후 꺾은선그래프를 완성하세요.

어느 도서관의 요일별 빌려 간 책 수를 조사하여 나타낸 꺾은선그래프의 일부분입니다. 월요일부터 금요일까지 빌려 간 책 수의 합은 102권이고, 수요일에 빌려 간 책 수는 화요일에 빌려간 책 수의 2배이며, 목요일과 월요일에 빌려 간 책 수는 같다고 합니다. 꺾은선그래프를 완성해 보세요.

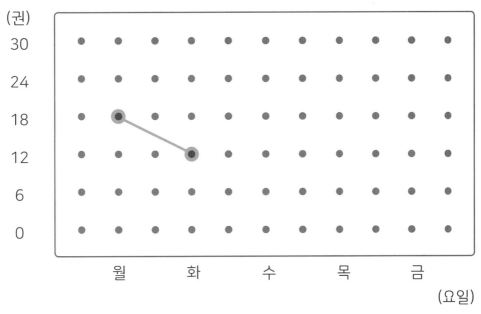

[요일별 빌려 간 책 수]

01 Unit

여러 가지 도형 | 창의성 |

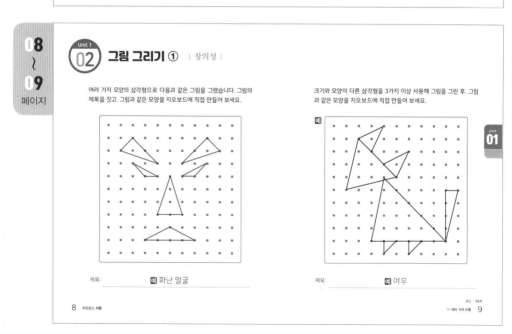

Unit 1 01 삼각형과 사각형 | 창의성 |

서로 다른 모양의 삼각형을 그려 보세요.

예

서로 다른 모양의 사각형을 그려 보세요.

예

⊙ 삼각형은 변이 3 개, 꼭짓점이 3 개입니다.

⊙ 삼각형은 3개의 (곧은, 굽은) 선들로 둘러싸여 있습니다.

⊙ 사각형은 변이 4 개, 꼭짓점이 4 개입니다.

⊙ 사각형은 4개의 (곧은, 굽은) 선들로 둘러싸여 있습니다.

6 지오보드 퍼즐

정답: 86쪽

01 여러 가지 도형 7

Unit 1 02 그림 그리기 ① | 창의성 |

여러 가지 모양의 삼각형으로 다음과 같은 그림을 그렸습니다. 그림의 제목을 짓고, 그림과 같은 모양을 지오보드에 직접 만들어 보세요.

크기와 모양이 다른 삼각형을 3가지 이상 사용해 그림을 그린 후, 그림과 같은 모양을 지오보드에 직접 만들어 보세요.

예

제목: 예 화난 얼굴

제목: 예 여우

8 지오보드 퍼즐

정답: 86쪽

01 여러 가지 도형 9

Unit 1
03 그림 그리기 ② | 창의성 |

여러 가지 모양의 삼각형과 사각형으로 다음과 같은 그림을 그렸습니다.
그림의 제목을 짓고, 그림과 같은 모양을 지오보드에 직접 만들어 보세요.

크기와 모양이 다른 삼각형과 사각형을 각각 2가지 이상 사용해 그림을
그린 후, 그린 그림과 같은 모양을 지오보드에 직접 만들어 보세요.

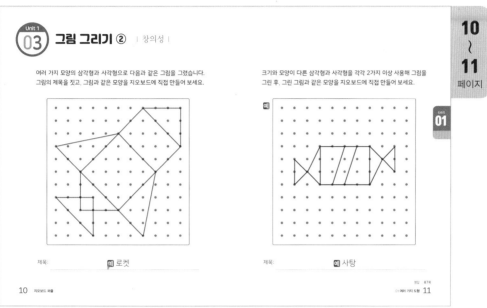

제목: 예 로켓

제목: 예 사탕

Unit 1
04 그림 그리기 ③ | 창의성 |

꼭짓점의 개수가 표시된 수와 같은 도형을 만들고, 만들어진 도형의
이름을 빈칸에 써넣어 보세요.

삼각형, 사각형, 오각형, 육각형을 모두 한 번 이상 사용해 그림을 그린
후, 그린 그림과 같은 모양을 지오보드에 직접 만들어 보세요.

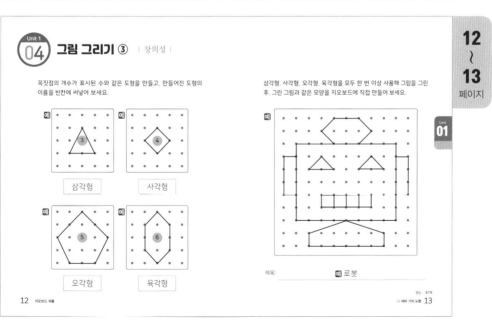

삼각형

사각형

오각형

육각형

제목: 예 로봇

16~17 페이지

Unit 2
01 여러 가지 삼각형 | 도형 |

다음의 삼각형을 두 가지 기준으로 분류해 기호를 써넣어 보세요.

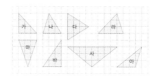

개념 Tip
90°를 직각, 0°보다 크고 직각보다 작은 각을 예각, 직각보다 크고 180°보다 작은 각을 둔각이라고 해요.

• 각의 크기에 따른 분류
· 한 각이 직각인 삼각형을 [직각삼각형] 이라고 합니다.
→ [가] [바]
· 세 각이 모두 예각인 삼각형을 [예각삼각형] 이라고 합니다.
→ [나] [다] [라] [마]
· 한 각이 둔각인 삼각형을 [둔각삼각형] 이라고 합니다.
→ [사] [아]

• 변의 길이에 따른 분류
· 세 변의 길이가 모두 다른 삼각형
→ [나] [라] [바] [아]
· 두 변의 길이가 같은 삼각형을 이등변삼각형이라고 합니다.
→ [가] [다] [마] [사]
· 세 변의 길이가 같은 삼각형을 정삼각형이라고 합니다.
→ [다] 정삼각형은 두 변의 길이도 같으므로 이등변삼각형이라고 할 수 있습니다.

(?) 정삼각형은 예각삼각형이라고 할 수 있을까요? 할 수 있다면 그 이유를 설명해 보세요.
할 수 있습니다. 정삼각형은 세 각이 모두 60°로, 예각이기 때문입니다.

16 지오보드 퍼즐

정답 : 88쪽
02 삼각형 17

18~19 페이지

Unit 2
02 삼각형 만들기 ① | 도형 |

이등변삼각형은 '이', 직각삼각형은 '직' 이라고 쓰고, 지오보드에 이등변삼각형과 직각삼각형을 직접 만들어 보세요.

 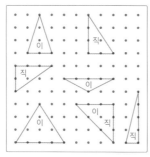

주어진 선분을 한 변으로 하는 이등변삼각형을 그리고, 지오보드에 이등변삼각형을 직접 만들어 보세요.

[예]

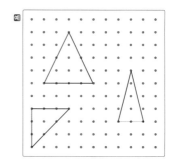

(?) 이등변삼각형이면서 직각삼각형인 삼각형이 있을까요? 있다면 그 삼각형을 어떻게 부르면 좋을지 말해 보세요.
있습니다. 이등변삼각형이면서 직각삼각형인 삼각형을 직각이등변삼각형이라고 부릅니다.

18 지오보드 퍼즐

정답 : 88쪽
02 삼각형 19

20 ~ 21 페이지

Unit 2 03 삼각형 만들기 ② | 도형 |

예각삼각형은 '예', 둔각삼각형은 '둔' 이라고 쓰고, 지오보드에 예각삼각형과 둔각삼각형을 직접 만들어 보세요.

주어진 선분과 같은 색깔의 점 중에서 한 점을 이어 둔각삼각형 만들려고 합니다. 이어야 하는 점을 찾아 ○표 하고, 지오보드에 직접 만들어 보세요.

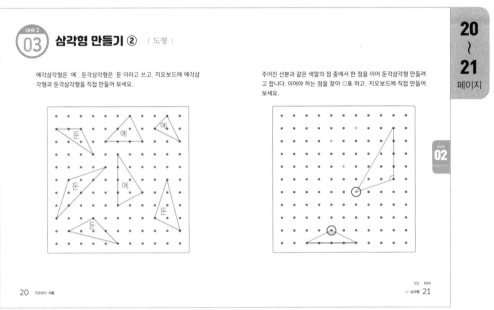

정답 89쪽
이 삼각형 21

22 ~ 23 페이지

Unit 2 04 삼각형의 개수 | 도형 |

지오보드에 만든 크고 작은 예각삼각형의 개수를 구해 보세요.
(단, 모양과 크기가 같아도 위치가 다르면 다른 것으로 봅니다.)

14 개

지오보드에 만든 크고 작은 둔각삼각형의 개수를 구해 보세요.
(단, 모양과 크기가 같아도 위치가 다르면 다른 것으로 봅니다.)

지오보드에 만든 크고 작은 둔각삼각형의 개수를 구해 보세요.
(단, 모양과 크기가 같아도 위치가 다르면 다른 것으로 봅니다.)

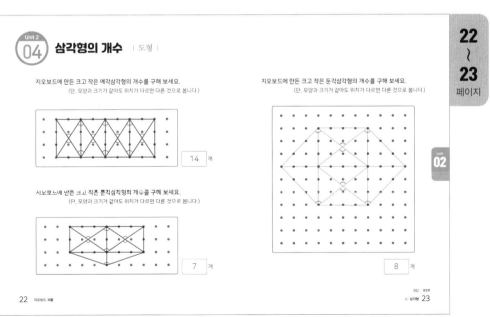

7 개

8 개

정답 89쪽
이 삼각형 23

Unit 03

분수 | 수와 연산 |

---

26 ~ 27 페이지

Unit 3 01 분수 알아보기 | 수와 연산 |

분수에 대해 알아보려고 합니다. 그림을 분수로 나타내고, 나타낸 분수를 읽어 보세요.

• 전체를 똑같이 셋으로 나눈 각 도형에 2만큼 색칠해 보세요.

• 색칠한 도형을 보고 분모와 분자에 알맞은 수를 써넣어 분수를 만들어 보세요.

$$\frac{2}{3}$$ ← 분자: 부분의 수
← 분모: 전체의 수

• 위에서 만든 분수를 읽어 보세요.

3 분의 2

색칠한 부분과 색칠하지 않은 부분을 분수로 나타내어 보세요.

• 색칠한 부분: $\dfrac{5}{9}$ • 색칠하지 않은 부분: $\dfrac{4}{9}$

전체에 알맞은 도형을 찾아 ○표 해 보세요.

 전체를 똑같이 6으로 나눈 것 중의 3입니다.

( )   ( )   (○)

26 지오보드 퍼즐

정답 ○ 90쪽
○ 분수 27

---

28 ~ 29 페이지

Unit 3 02 똑같이 나누기 | 수와 연산 |

사각형을 똑같이 넷으로 나누려고 합니다. 서로 다른 방법으로 나누어 보세요.

예   예

예   예

• 똑같이 나누면 나누어진 조각들은 모양과 크기 가 같습니다.

원을 표시된 수만큼 똑같이 나누고, 한 조각의 크기를 분수로 나타내어 보세요.

②

$$\frac{1}{2}$$

⑧ 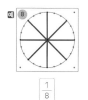   ⑫

$$\frac{1}{8}$$ $$\frac{1}{12}$$

28 지오보드 퍼즐

정답 ○ 90쪽
○ 분수 29

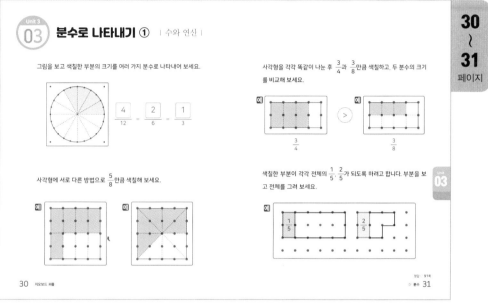

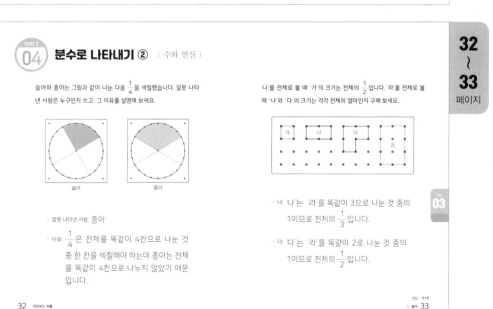

04 Unit

사각형 ① | 도형 |

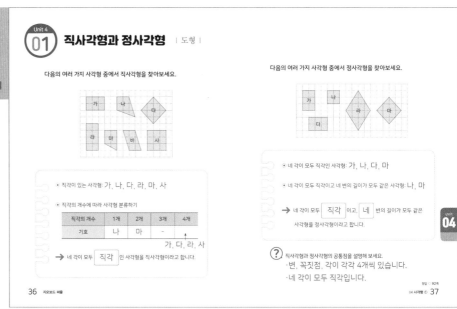

36 ~ 37 페이지

Unit 4 · 01 · 직사각형과 정사각형 | 도형 |

다음의 여러 가지 사각형 중에서 직사각형을 찾아보세요.

• 직각이 있는 사각형: 가, 나, 다, 라, 마, 사

• 직각의 개수에 따라 사각형 분류하기

직각의 개수	1개	2개	3개	4개
기호	나	마	-	가, 다, 라, 사

→ 네 각이 모두 **직각** 인 사각형을 직사각형이라고 합니다.

다음의 여러 가지 사각형 중에서 정사각형을 찾아보세요.

• 네 각이 모두 직각인 사각형: 가, 나, 다, 마

• 네 각이 모두 직각이고 네 변의 길이가 모두 같은 사각형: 나, 마

→ 네 각이 모두 **직각** 이고, **네** 변의 길이가 모두 같은 사각형을 정사각형이라고 합니다.

? 직사각형과 정사각형의 공통점을 설명해 보세요.
· 변, 꼭짓점, 각이 각각 4개씩 있습니다.
· 네 각이 모두 직각입니다.

36 지오보드 퍼즐

정답 | 92쪽
04 사각형 ① 37

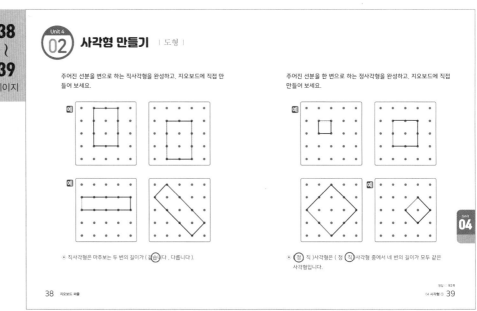

38 ~ 39 페이지

Unit 4 · 02 · 사각형 만들기 | 도형 |

주어진 선분을 변으로 하는 직사각형을 완성하고, 지오보드에 직접 만들어 보세요.

예

예

• 직사각형은 마주보는 두 변의 길이가 (같습니다 , 다릅니다).

주어진 선분을 한 변으로 하는 정사각형을 완성하고, 지오보드에 직접 만들어 보세요.

예

예

• (정 , 직)사각형은 (정 , 직)사각형 중에서 네 변의 길이가 모두 같은 사각형입니다.

38 지오보드 퍼즐

정답 | 92쪽
04 사각형 ① 39

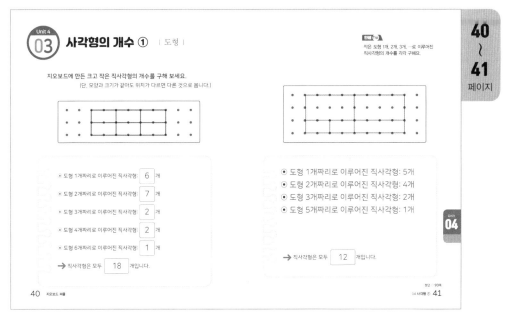

Unit 4
03 사각형의 개수 ① | 도형 |

안쌤 Tip
작은 도형 1개, 2개, 3개, …로 이루어진
직사각형의 개수를 각각 구해요.

지오보드에 만든 크고 작은 직사각형의 개수를 구해 보세요.
(단, 모양과 크기가 같아도 위치가 다르면 다른 것으로 봅니다.)

- 도형 1개짜리로 이루어진 직사각형: 6 개
- 도형 2개짜리로 이루어진 직사각형: 7 개
- 도형 3개짜리로 이루어진 직사각형: 2 개
- 도형 4개짜리로 이루어진 직사각형: 2 개
- 도형 6개짜리로 이루어진 직사각형: 1 개
→ 직사각형은 모두 18 개입니다.

- 도형 1개짜리로 이루어진 직사각형: 5개
- 도형 2개짜리로 이루어진 직사각형: 4개
- 도형 3개짜리로 이루어진 직사각형: 2개
- 도형 5개짜리로 이루어진 직사각형: 1개
→ 직사각형은 모두 12 개입니다.

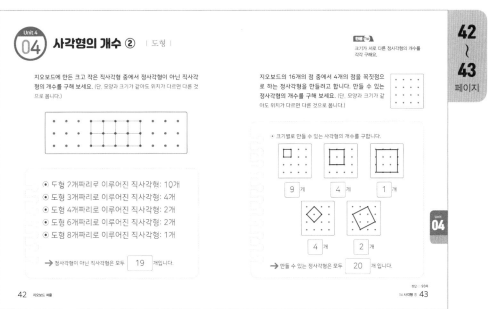

Unit 4
04 사각형의 개수 ② | 도형 |

안쌤 Tip
크기가 서로 다른 정사각형의 개수를
각각 구해요.

지오보드에 만든 크고 작은 직사각형 중에서 정사각형이 아닌 직사각형의 개수를 구해 보세요. (단, 모양과 크기가 같아도 위치가 다르면 다른 것으로 봅니다.)

- 도형 2개짜리로 이루어진 직사각형: 10개
- 도형 3개짜리로 이루어진 직사각형: 4개
- 도형 4개짜리로 이루어진 직사각형: 2개
- 도형 6개짜리로 이루어진 직사각형: 2개
- 도형 8개짜리로 이루어진 직사각형: 1개

→ 정사각형이 아닌 직사각형은 모두 19 개입니다.

지오보드의 16개의 점 중에서 4개의 점을 꼭짓점으로 하는 정사각형을 만들려고 합니다. 만들 수 있는 정사각형의 개수를 구해 보세요. (단, 모양과 크기가 같아도 위치가 다르면 다른 것으로 봅니다.)

- 크기별로 만들 수 있는 사각형의 개수를 구합니다.

9 개   4 개   1 개

4 개   2 개

→ 만들 수 있는 정사각형은 모두 20 개입니다.

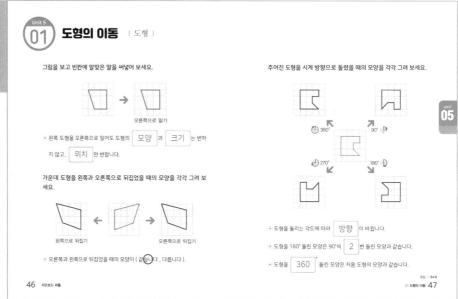

46 ~ 47 페이지

Unit 5 01 도형의 이동 | 도형 |

그림을 보고 빈칸에 알맞은 말을 써넣어 보세요.

오른쪽으로 밀기

• 왼쪽 도형을 오른쪽으로 밀어도 도형의 [모양] 과 [크기] 는 변하지 않고, [위치] 만 변합니다.

가운데 도형을 왼쪽과 오른쪽으로 뒤집었을 때의 모양을 각각 그려 보세요.

왼쪽으로 뒤집기   오른쪽으로 뒤집기

• 오른쪽과 왼쪽으로 뒤집었을 때의 모양이 (같습니다 , 다릅니다).

주어진 도형을 시계 방향으로 돌렸을 때의 모양을 각각 그려 보세요.

⟳ 360°   90° ⟲
⟳ 270°   180° ⟲

• 도형을 돌리는 각도에 따라 [방향] 이 바뀝니다.
• 도형을 180° 돌린 모양은 90°씩 [2] 번 돌린 모양과 같습니다.
• 도형을 [360]° 돌린 모양은 처음 도형의 모양과 같습니다.

46 지오보드 퍼즐

05: 도형의 이동 47

48 ~ 49 페이지

Unit 5 02 도형 뒤집기 | 도형 |

왼쪽 도형을 오른쪽으로 3번 뒤집은 모양을 오른쪽에 그려 보세요.

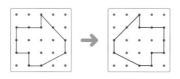

왼쪽 도형을 아래쪽으로 6번 뒤집은 모양을 오른쪽에 그려 보세요.

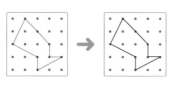

위쪽, 아래쪽, 오른쪽, 왼쪽으로 뒤집기 한 모양이 처음 모양과 같은 도형을 모두 찾아 ○표 하고, 공통점을 설명해 보세요.

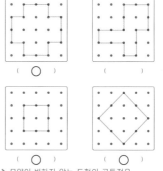

(○)   ( )

(○)   (○)

→ 모양이 변하지 않는 도형의 공통점은 도형의 오른쪽과 왼쪽, 위쪽과 아래쪽이 모두 같습니다.

48 지오보드 퍼즐

05: 도형의 이동 49

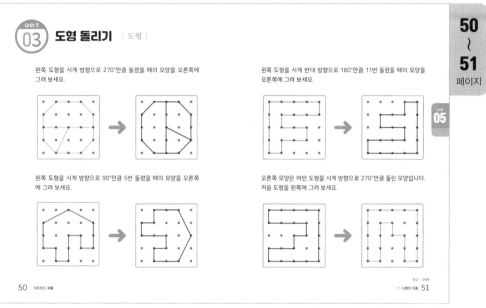

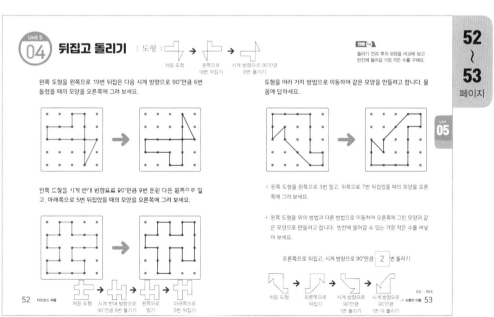

Unit 06

수직과 평행 | 도형 |

56 ~ 57 페이지

Unit 6 01 수직과 평행 | 도형 |

지오보드에 만든 직선을 보고, 빈칸에 알맞은 말을 써넣어 보세요.

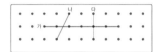

평행선 사이의 거리

- 직선 가에 수직인 직선은 직선 다 입니다.
- 직선 다는 직선 가 에 대한 수선입니다.
- 직선 가는 직선 다에 대한 수선 입니다.

→ 두 직선이 만나서 이루는 각이 직각일 때, 두 직선은 서로 수직 이라고 합니다.

- 직선 가에 수직인 직선은 직선 나 와 직선 라 이고, 이 두 직선은 서로 만나지 않습니다.
- 평행선은 직선 나 와 직선 라 입니다.
- 평행선 위의 두 점을 이어 그은 선분 중에서 길이가 가장 짧은 선분은 수선 입니다.

→ 서로 만나지 않는 두 직선을 평행 하다고 하며, 평행한 두 직선을 평행선 이라고 합니다. 평행선 사이에 그은 수선의 길이를 평행선 사이의 거리 라고 합니다.

56 지오보드 퍼즐

정답 : 96쪽
06 수직과 평행 57

---

58 ~ 59 페이지

Unit 6 02 수직과 수선 | 도형 |

주어진 직선 가, 나, 다에 대한 수선을 각각 1개씩 만들어 보세요.
(단, 각도기를 사용할 수 있습니다.)

직선 나에 대한 수선

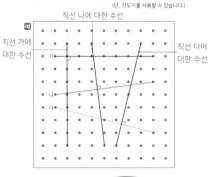

직선 가에 대한 수선

직선 다에 대한 수선

- 한 직선에 대한 수선은 (1개입니다 , 셀 수 없이 많습니다).

점 ㄱ에서 각 변에 그을 수 있는 수선을 모두 그려 보세요.
(단, 각도기를 사용할 수 있습니다.)

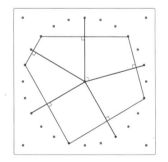

- 한 점을 지나고 한 직선에 대한 수선은 (1개입니다 , 셀 수 없이 많습니다).

58 지오보드 퍼즐

정답 : 96쪽
06 수직과 평행 59

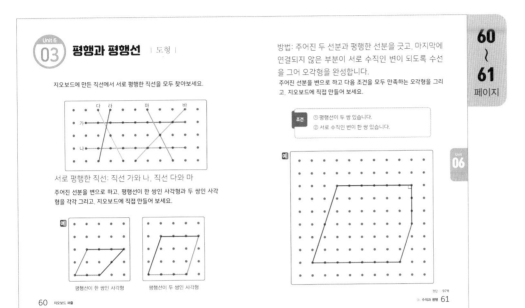

Unit 6 03 평행과 평행선 | 도형 |

지오보드에 만든 직선에서 서로 평행한 직선을 모두 찾아보세요.

서로 평행한 직선: 직선 가와 나, 직선 다와 마

주어진 선분을 변으로 하고, 평행선이 한 쌍인 사각형과 두 쌍인 사각형을 각각 그리고, 지오보드에 직접 만들어 보세요.

평행선이 한 쌍인 사각형   평행선이 두 쌍인 사각형

방법: 주어진 두 선분과 평행한 선분을 긋고, 마지막에 연결되지 않은 부분이 서로 수직인 변이 되도록 수선을 그어 오각형을 완성합니다.

주어진 선분을 변으로 하고 다음 조건을 모두 만족하는 오각형을 그리고, 지오보드에 직접 만들어 보세요.

조건 ① 평행선이 두 쌍 있습니다.
② 서로 수직인 변이 한 쌍 있습니다.

정답 : 97쪽

60 ~ 61 페이지

Unit 6 04 각도 구하기 | 도형 |

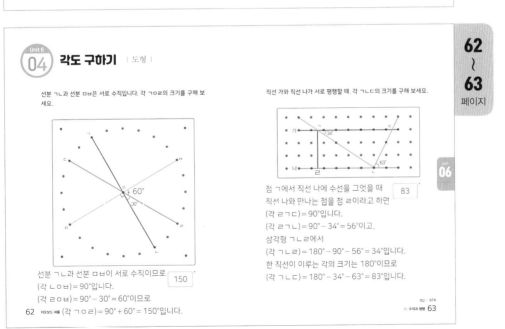

선분 ㄱㄴ과 선분 ㅁㅂ은 서로 수직입니다. 각 ㄱㅇㄹ의 크기를 구해 보세요.

선분 ㄱㄴ과 선분 ㅁㅂ이 서로 수직이므로
(각 ㄴㅇㅂ) = 90°입니다.
(각 ㄹㅇㅂ) = 90° − 30° = 60°이므로
(각 ㄱㅇㄹ) = 90° + 60° = 150°입니다.

150

직선 가와 직선 나가 서로 평행할 때, 각 ㄱㄴㄷ의 크기를 구해 보세요.

점 ㄱ에서 직선 나에 수선을 그었을 때
직선 나와 만나는 점을 점 ㄹ이라고 하면
(각 ㄹㄱㄷ) = 90°입니다.
(각 ㄹㄱㄴ) = 90° − 34° = 56°이고,
삼각형 ㄱㄴㄹ에서
(각 ㄱㄴㄹ) = 180° − 90° − 56° = 34°입니다.
한 직선이 이루는 각의 크기는 180°이므로
(각 ㄱㄴㄷ) = 180° − 34° − 63° = 83°입니다.

83

정답 : 97쪽

62 ~ 63 페이지

07 Unit

사각형 ② | 도형 |

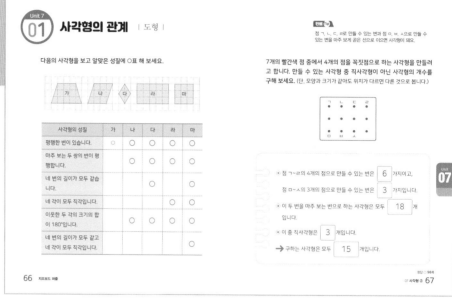

66 ~ 67 페이지

Unit 7 01 사각형의 관계 | 도형 |

다음의 사각형을 보고 알맞은 성질에 ○표 해 보세요.

사각형의 성질	가	나	다	라	마
평행한 변이 있습니다.	○	○	○	○	○
마주 보는 두 쌍의 변이 평행합니다.		○	○	○	○
네 변의 길이가 모두 같습니다.			○		○
네 각이 모두 직각입니다.				○	○
이웃한 두 각의 크기의 합이 180°입니다.		○	○	○	○
네 변의 길이가 모두 같고 네 각이 모두 직각입니다.					○

안내 Tip
점 ㄱ, ㄴ, ㄷ, ㄹ로 만들 수 있는 변과 점 ㅁ, ㅂ, ㅅ으로 만들 수 있는 변을 마주 보게 곧은 선으로 이으면 사각형이 돼요.

7개의 빨간색 점 중에서 4개의 점을 꼭짓점으로 하는 사각형을 만들려고 합니다. 만들 수 있는 사각형 중 직사각형이 아닌 사각형의 개수를 구해 보세요. (단, 모양과 크기가 같아도 위치가 다르면 다른 것으로 봅니다.)

- 점 ㄱ~ㄹ의 4개의 점으로 만들 수 있는 변은 **6** 가지이고, 점 ㅁ~ㅅ의 3개의 점으로 만들 수 있는 변은 **3** 가지입니다.
- 이 두 변을 마주 보는 변으로 하는 사각형은 모두 **18** 개입니다.
- 이 중 직사각형은 **3** 개입니다.
- → 구하는 사각형은 모두 **15** 개입니다.

66 지오보드 퍼즐

정답 ○ 98쪽
07 사각형 ② 67

---

68 ~ 69 페이지

Unit 7 02 사다리꼴 | 도형 |

주어진 선분과 같은 색깔의 한 점을 이어 사다리꼴을 만들려고 합니다. 이어야 하는 점을 모두 찾아 ○표 하고, 지오보드에 직접 만들어 보세요.

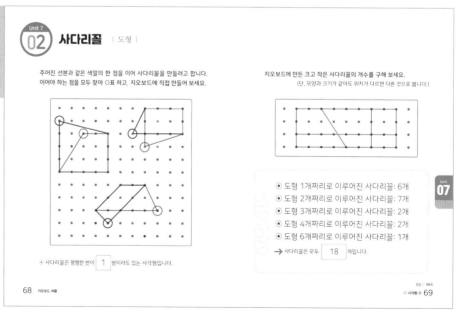

- 사다리꼴은 평행한 변이 **1** 쌍이라도 있는 사각형입니다.

지오보드에 만든 크고 작은 사다리꼴의 개수를 구해 보세요.
(단, 모양과 크기가 같아도 위치가 다르면 다른 것으로 봅니다.)

- 도형 1개짜리로 이루어진 사다리꼴: 6개
- 도형 2개짜리로 이루어진 사다리꼴: 7개
- 도형 3개짜리로 이루어진 사다리꼴: 2개
- 도형 4개짜리로 이루어진 사다리꼴: 2개
- 도형 6개짜리로 이루어진 사다리꼴: 1개
- → 사다리꼴은 모두 **18** 개입니다.

68 지오보드 퍼즐

정답 ○ 98쪽
07 사각형 ② 69

Unit 7 03 평행사변형 | 도형 |

사다리꼴의 한 개의 꼭짓점을 같은 색깔의 점으로 옮겨 평행사변형을 만들려고 합니다. 어느 점으로 옮겨야 하는지 찾아 ○표 하고, 지오보드에 직접 만들어 보세요.

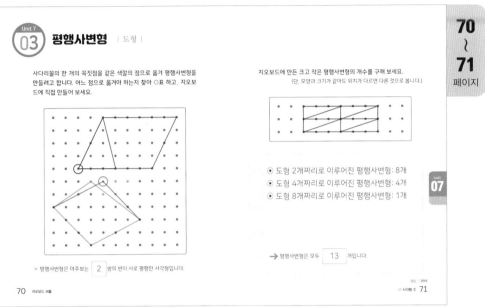

지오보드에 만든 크고 작은 평행사변형의 개수를 구해 보세요.
(단, 모양과 크기가 같아도 위치가 다르면 다른 것으로 봅니다.)

- 도형 2개짜리로 이루어진 평행사변형: 8개
- 도형 4개짜리로 이루어진 평행사변형: 4개
- 도형 8개짜리로 이루어진 평행사변형: 1개

➡ 평행사변형은 모두 13 개입니다.

- 평행사변형은 마주보는 2 쌍의 변이 서로 평행한 사각형입니다.

70 지오보드 퍼즐

07 사각형 ② 71

정답 : 99쪽

Unit 7 04 마름모 | 도형 |

주어진 도형에서 각각 한 꼭짓점만 옮겨 마름모를 만들려고 합니다. 어느 점으로 옮겨야 하는지 모두 찾아 ○표 하고, 지오보드에 직접 만들어 보세요.

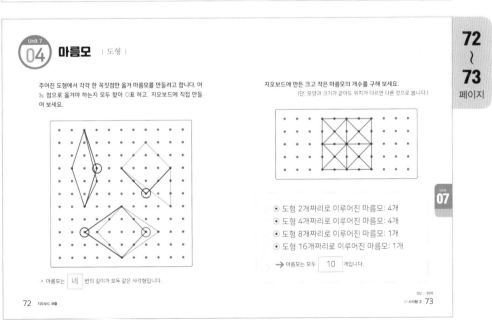

지오보드에 만든 크고 작은 마름모의 개수를 구해 보세요.
(단, 모양과 크기가 같아도 위치가 다르면 다른 것으로 봅니다.)

- 도형 2개짜리로 이루어진 마름모: 4개
- 도형 4개짜리로 이루어진 마름모: 4개
- 도형 8개짜리로 이루어진 마름모: 1개
- 도형 16개짜리로 이루어진 마름모: 1개

➡ 마름모는 모두 10 개입니다.

- 마름모는 네 변의 길이가 모두 같은 사각형입니다.

72 지오보드 퍼즐

07 사각형 ② 73

정답 : 99쪽

Unit 08

자료의 정리 | 자료와 가능성 |

Unit 8
01 자료의 정리 | 자료와 가능성 |

진우네 반 학생들이 좋아하는 과목을 조사했습니다. 조사한 자료를 보고 물음에 답하세요.

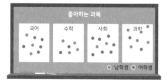

좋아하는 과목

국어　수학　사회　과학

◦ 남학생 ◦ 여학생

◦ 조사한 자료를 보고 표를 완성해 보세요.

[남학생과 여학생이 좋아하는 과목]

과목	국어	수학	사회	과학	합계
남학생(명)	3	4	2	6	15
여학생(명)	5	2	7	2	16

◦ 완성한 표를 보고 막대그래프와 꺾은선그래프로 나타내어 보세요.

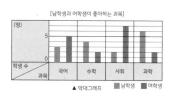

[남학생과 여학생이 좋아하는 과목]

▲ 막대그래프　■남학생　■여학생

[남학생과 여학생이 좋아하는 과목]

▲ 꺾은선그래프　─남학생　─여학생

(?) 주어진 자료는 막대그래프와 꺾은선그래프 중에서 어떤 것으로 나타내는 것이 좋은지 고르고, 그 이유를 설명해 보세요.

막대그래프, 막대그래프는 각각의 크기를 비교하기 편리하기 때문입니다.

76　지오보드 퍼즐

정답 · 100쪽
08 자료의 정리　77

Unit 8
02 막대그래프 | 자료와 가능성 |

어느 가게의 월별 인형 판매량을 조사해 막대 그래프로 나타내려고 합니다. 물음에 답하세요.

조건
① 1월 판매량은 16개입니다.
② 1월 판매량은 3월 판매량의 2배입니다.
③ 1월부터 5월까지 판매량은 모두 76개입니다.

◦ 월별 인형 판매량을 표로 나타내 보세요.

[월별 인형 판매량]

월	1월	2월	3월	4월	5월	합계
판매량(개)	16	14	8	18	20	76

◦ 그래프의 가로와 세로에는 각각 무엇을 나타내어야 하는지 설명해 보세요.
가로: 월, 세로: 판매량

◦ 오른쪽 지오보드의 세로 눈금 한 칸의 크기를 정하고, 그 이유를 설명해 보세요.
2, 세로 눈금은 모두 10칸인데 20개까지 나타내어야 하기 때문입니다.

쌤의 TIP
조사한 자료를 그래프로 나타내면 전체적인 변화를 한눈에 알기 쉬워요.

◦ 지오보드에 막대그래프를 완성해 보세요.

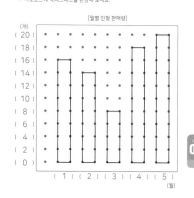

[월별 인형 판매량]

(개)
(20)
(18)
(16)
(14)
(12)
(10)
(8)
(6)
(4)
(2)
(0)
(1) (2) (3) (4) (5)
(월)

78　지오보드 퍼즐

정답 · 100쪽
08 자료의 정리　79

Unit 8
03 꺾은선그래프 ① | 자료와 가능성 |

어느 아파트의 요일별 쓰레기양을 조사하여 나타낸 표입니다. 물음에 답하세요.

[요일별 쓰레기양]

요일	월	화	수	목	금
쓰레기양(kg)	36	32	16	20	28

안쌤 Tip
꺾은선그래프에서 선의 기울어진 정도는
자료의 변화량을 의미해요.

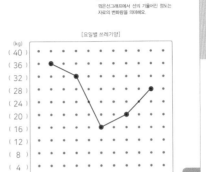

[요일별 쓰레기양]

- 요일별 쓰레기양의 변화를 그래프로 나타내려면 막대그래프와 꺾은선그래프 중 어떤 그래프로 나타내는 것이 좋은지 설명해 보세요.
꺾은선그래프, 꺾은선그래프는 연속적으로 변화하는 모양과 정도를 알아보기 쉽습니다.
- 그래프의 가로와 세로에는 각각 무엇을 나타내어야 하는지 설명해 보세요.
가로: 요일, 세로: 쓰레기양
- 오른쪽 지오보드의 세로 눈금 한 칸의 크기를 정하고, 그 이유를 설명해 보세요.
4, 세로 눈금은 모두 10칸인데 36 kg까지 나타내어야 하기 때문입니다.
- 오른쪽 지오보드에 꺾은선그래프를 완성해 보세요.

(?) 쓰레기양의 변화가 가장 컸을 때는 무슨 요일과 무슨 요일 사이인지 설명해 보세요.
화요일과 수요일 사이, 선의 기울기가 클수록 쓰레기양의 변화가 크기 때문입니다.

Unit 8
04 꺾은선그래프 ② | 자료와 가능성 |

일정한 빠르기로 움직이는 배의 움직인 거리를 조사하여 나타낸 꺾은선그래프입니다. 8분일 때 배가 움직인 거리를 구해 보세요.

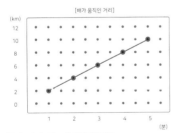

[배가 움직인 거리]

안쌤 Tip
수요일, 목요일, 금요일에 빌려 간 책 수를
먼저 구한 후 꺾은선그래프를 완성하세요.

어느 도서관의 요일별 빌려 간 책 수를 조사하여 나타낸 꺾은선그래프의 일부분입니다. 월요일부터 금요일까지 빌려 간 책 수의 합은 102권이고, 수요일에 빌려 간 책 수는 화요일에 빌려 간 책 수의 2배이며, 목요일과 월요일에 빌려 간 책 수는 같다고 합니다. 꺾은선그래프를 완성해 보세요.

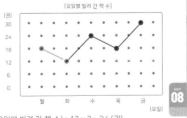

[요일별 빌려 간 책 수]

예 매분마다 2 km씩 움직였으므로
8분일 때는 2 × 8 = 16 (km)를 움직였습니다.

(수요일에 빌려 간 책 수) = 12 × 2 = 24 (권)
(목요일에 빌려 간 책 수) = 18권
(금요일에 빌려 간 책 수) = 102 − 18 − 12 − 24 − 18 = 30 (권)

좋은 책을 만드는 길
독자님과 함께하겠습니다.

도서나 동영상에 궁금한 점, 아쉬운 점, 만족스러운 점이
있으시다면 어떤 의견이라도 말씀해 주세요.
SD에듀는 독자님의 의견을 모아 더 좋은 책으로 보답하겠습니다.

www.sdedu.co.kr

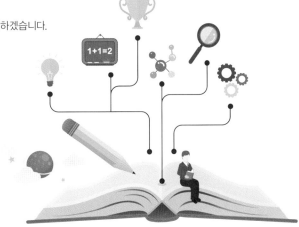

안쌤의 사고력 수학 퍼즐 지오보드 퍼즐

초 판 발 행	2022년 09월 05일 (인쇄 2022년 07월 28일)
발 행 인	박영일
책 임 편 집	이해욱
저 자	안쌤 영재교육연구소
편 집 진 행	이미림 · 이여진 · 피수민
표지디자인	조혜령
편집디자인	양혜련
발 행 처	(주)시대교육
공 급 처	(주)시대고시기획
출 판 등 록	제 10-1521호
주 소	서울시 마포구 큰우물로 75 [도화동 538 성지 B/D] 9F
전 화	1600-3600
팩 스	02-701-8823
홈 페 이 지	www.sdedu.co.kr
I S B N	979-11-383-2847-0 (63410)
정 가	12,000원

시대교육이 준비한
특별한 학생을 위한,
최상의 학습 시리즈

B

초등영재로 가는 지름길,
안쌤의 창의사고력 수학 실전편 시리즈

· 영역별 기출문제 및 연습문제
· 문제와 해설을 한눈에 볼 수 있는 정답 및 해설
· 초등 3~6학년

C

안쌤의 수·과학 융합 특강

· 초등 교과와 연계된 24가지 주제 수록
· 수학사고력+과학탐구력+융합사고력
  동시 향상

A

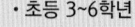
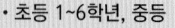

안쌤의 STEAM+창의사고력
수학 100제, 과학 100제 시리즈

· 영재성검사 기출문제
· 창의사고력 실력다지기 100제
· 초등 1~6학년, 중등

Coming Soon!

· 신박한 과학 탐구 보고서
· 영재들의 학습법

※ 도서명과 이미지, 구성은 변경될 수 있습니다.

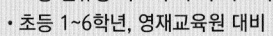

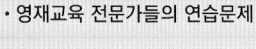
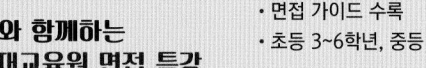
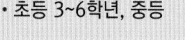

시대교육만의 영재교육원 면접
SOLUTION

1 "영재교육원 AI 면접 온라인 프로그램 무료 체험 쿠폰"

도서를 구매한 분들께 드리는
특별한 혜택

Coupon

쿠폰번호

YHJ – 66134 – 15199

유효기간 : ~2022년 12월 31일

01 도서의 쿠폰번호를 확인합니다.

02 WIN시대로[https://www.winsidaero.com]에 접속합니다.

03 홈페이지 오른쪽 상단 영재교육원  AI 면접 배너를 클릭합니다.

04 회원가입 후 로그인하여 [쿠폰 등록]을 클릭합니다.

05 쿠폰번호를 정확히 입력합니다.

06 쿠폰 등록을 완료한 후, [주문 내역]에서 이용권을 사용하여 면접을 실시합니다.

※ 무료 쿠폰으로 응시한 면접에는 별도의 리포트가 제공되지 않습니다.

2 "영재교육원 AI 면접 온라인 프로그램"

01 WIN시대로[https://www.winsidaero.com]에 접속합니다.

02 홈페이지 오른쪽 상단 영재교육원  AI 면접 배너를 클릭합니다.

03 회원가입 후 로그인하여 [상품 목록]을 클릭합니다.

04 학습자에게 꼭 맞는 다양한 상품을 확인할 수 있습니다.

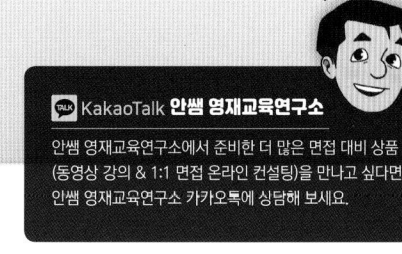

KakaoTalk 안쌤 영재교육연구소

안쌤 영재교육연구소에서 준비한 더 많은 면접 대비 상품
(동영상 강의 & 1:1 면접 온라인 컨설팅)을 만나고 싶다면
안쌤 영재교육연구소 카카오톡에 상담해 보세요.

🏠 www.winsidaero.com